AF358903

SPHÈRE PLANÉTAIRE.

PRIX :

SPHÈRE PLANÉTAIRE inventée par M. *de la Rochemacé,* montée avec tous les cercles en cuivre, pied en palissandre . . . . . 350 fr.

LA MÊME SPHÈRE montée également en cuivre, mais avec un très-beau pied, à ornements dorés . . . . 400 fr.

Nota. Cette sphère a 50 centimètres (18 pouces) de diamètre et 1ᵐ,30 (environ 4 pieds) de hauteur.

Ouvrages qui se trouvent rue Hautefeuille, 13, *et dressés par Ch. Dien.*

ATLAS DES PHÉNOMÈNES CÉLESTES, donnant le tracé des mouvements apparents des *Planètes* et les révolutions successives de la *Lune* pour chaque année ; composé de 26 cartes petit in-folio avec un texte explicatif divisé par mois. Un volume in-4°, cartonné 16 fr.

Nota. Cet atlas, le seul qui existe en ce genre, est exécuté avec le plus grand soin. Il sert à trouver en peu d'instants un astre dans le ciel, et forme en quelque sorte les annales des mouvements apparents des planètes.

ATLAS DU ZODIAQUE, composé de 9 planches petit in-folio contenant toutes les étoiles visibles à la lunette de nuit, l'indication des étoiles doubles, et les nébuleuses les plus remarquables. Un volume in-4° . . . . 15 fr.

Nota. Ces cartes forment la première partie d'un atlas général du ciel. Les autres planches paraissent successivement, mais à époque indéterminée. Deux feuilles sont en vente : elles contiennent, l'une l'ÉRIDAN, la HARPE et le LIÈVRE, l'autre ORION et la LICORNE. Prix de chaque, 1 fr. 50 cent.

URANOGRAPHIE dressée sous l'inspection de M. A. *Bouvard.* Cette Carte, la plus complète qui existe, se compose de deux hémisphères et d'une zone équatoriale, avec l'indication de plus de 500 étoiles doubles ; une feuille grand-monde et texte. . . . 12 fr.

TABLES DONNANT LA MESURE MICROMÉTRIQUE DES ÉTOILES DOUBLES les plus remarquables, classées par constellations et se rapportant à l'Uranographie. . . . . 12 fr.

LES MÊMES TABLES, avec les cartes. . . . . 24 fr.

PLANISPHÈRE CÉLESTE ; une feuille aigle. . . . . 3 fr.

CARTE DU CIEL en deux hémisphères, une feuille colombier 1 f. 50

PLANISPHÈRE MOBILE, donnant immédiatement l'aspect du ciel 9 fr.

SPHÈRES *montées tout en métal* (indiquées par diamètre.)

SPHÈRES terrestre et céleste de 16 centimètres . . . . 15 fr.

Sph.	id.	id.	de 22 20
Sph.	id.	id.	de 25 24
Sph.	id.	id.	de 30 40

Le prix de ces sphères augmente du double lorsque la monture est tout en cuivre.

Nota. Ces instruments sont au niveau des connaissances actuelles de la Géographie et de l'Astronomie.

IMPRIMERIE DE BACHELIER,

Rue du Jardinet, n. 12.

SPHÈRE PLANÉTAIRE,

INVENTÉE

Par M. DE LA ROCHEMACÉ,

Chevalier de l'ordre royal et militaire de Saint-Louis

NOTICE ASTRONOMIQUE.

PARIS,

CHEZ CH. DIEN, RUE HAUTEFEUILLE, N° 13.

1842.

INTRODUCTION.

L'opinion généralement répandue que l'Astronomie n'est utile qu'aux navigateurs et aux explorateurs est un antique préjugé. Les officiers des troupes légères et d'état-major employés isolément et surpris par la nuit, en sentent le besoin ; plusieurs ont éprouvé qu'un instant de sommeil fait perdre l'heure et la direction, qu'il est, en campagne, si important de conserver. Il suffit d'une connaissance même imparfaite des astres, et le ciel étoilé devient aussitôt la meilleure des montres, la plus sûre des boussoles. Il est donc vrai que l'honneur et la vie d'un officier, que le sort d'un détachement, que la sûreté d'un corps d'armée confié à la vigilance des troupes légères, peuvent dépendre d'une observation astronomique ; les bivacs et les grand' gardes familiarisent d'ailleurs avec les principales constellations, et substituent, si l'on a quelques notions des phénomènes célestes, la pratique à la théorie.

Entre toutes les sciences humaines qui agrandissent la sphère de l'intelligence, l'Astronomie occupe le premier rang ; par elle, Copernic, Galilée, Kepler, Newton, Euler, les Cassini acquirent une gloire immortelle, et méritèrent la reconnaissance des nations. Ces génies puissants mesurèrent la terre et les cieux ; puis, réalisant les fables de la Grèce, ils livrèrent aux mains hardies des explorateurs et des navigateurs le fil magique qui devait les guider au travers de continents nouveaux et de mers inconnues ; l'exacte division du temps et l'explication des phénomènes qui frappent nos regards furent le complément de ces nobles travaux.

Mais cette science sublime ne se révéla que par de faibles essais. Le soleil fixa l'attention des premiers hommes, et son mouvement apparent fut pour eux un objet d'étude et d'admiration : l'histoire atteste que les Chaldéens déterminèrent avec précision les époques des équinoxes et des solstices. Nous ne suivrons point les progrès et les phases de cette science, dont Bailly a donné l'histoire jusqu'à la fin du dix-huitième siècle ; nous nous bornons à la rendre accessible à tous.

L'aspect seul de la sphère planétaire donne l'intelligence de deux phénomènes, les saisons et la précession, dont la démonstration fut jusqu'ici comme impossible sans le concours des mathématiques : CETTE SPHÈRE EST L'APPLICATION D'UNE MÉTHODE NOUVELLE D'ENSEIGNEMENT, QUI CONSISTE A SUBSTITUER AUX MOUVEMENTS APPARENTS LES RÉVOLUTIONS DE LA TERRE ET DES PLANÈTES, TELLES QU'ELLES SERAIENT OBSERVÉES DU SOLEIL, CENTRE ET SEUL POINT FIXE DE NOTRE SYSTÈME PLANÉTAIRE.

L'usage de la sphère planétaire et une lecture attentive de cette notice faciliteront singulièrement l'intelligence des ouvrages d'Astronomie, et les personnes qui ne se sont point livrées à une étude sérieuse de cette science se féliciteront de se voir tout à coup initiées à ses mystères ; enfin, la méthode que nous indiquons est évidemment la voie la plus sûre pour arriver, sans efforts et sans travail, à un prompt résultat.

Les rapports intimes qui lient l'Astronomie à la Géographie n'étant point assez généralement appréciés, nous les rendons sensibles par l'exposition de faits qui en démontrent la connexité : on sait d'ailleurs que les longitudes et latitudes terrestres sont déterminées par des observations astronomiques.

Cette notice peut donc être considérée comme un manuel à l'usage des personnes qui s'occupent d'Astronomie et de Géographie : le chapitre des définitions qui la termine présente non-seulement l'explication des termes usités en Astronomie, mais encore des démonstrations claires et précises des principaux phénomènes célestes.

DU SOLEIL

ET

DES PLANÈTES.

Notre système planétaire n'est, selon l'opinion des plus célèbres astronomes, qu'un point dans l'espace où un nombre infini d'étoiles, comme autant de soleils, sont les centres de systèmes planétaires comparables au nôtre, et même cette prodigieuse quantité d'étoiles qui s'offrent à nos regards serait une faible nébuleuse relativement à l'univers entier, dont il n'est pas donné à l'homme de connaître l'étendue. Notre voie lactée deviendrait, d'après ce raisonnement, le bord d'une nébuleuse renfermant non-seulement notre système (le Soleil et ses planètes), mais encore toutes les étoiles que nous pouvons observer avec les instruments les plus puissants, instruments qui cependant ont permis de découvrir un grand nombre de systèmes so-

laires composés de plusieurs étoiles, dont les pe
tites tournent autour de la principale, comme
la Terre, Jupiter, Saturne, etc., gravitent autour du Soleil.

On ne peut donc considérer notre globe que
comme un atome lancé dans l'immensité de
l'espace, où il roule autour d'une étoile (notre
soleil), qui, vue de Sirius, paraîtrait à peine de
troisième grandeur.

Considérons maintenant notre système
comme le principal objet de notre examen,
et observons les phénomènes que présentent
les planètes sous les rapports de leur distance,
de leur marche, etc. : après la définition du
Soleil, nous donnons les théories des planètes,
en suivant l'ordre de distance de chacune d'elles
relativement à cet astre.

LE SOLEIL.

Le Soleil occupe à peu de chose près le
centre du système planétaire; son immense volume est 1400000 fois celui de la Terre; son
diamètre apparent est de 32′: il tourne sur son
axe: ce mouvement de rotation, reconnu par

l'observation des taches qui apparaissent à sa surface, a lieu en 25 $\frac{1}{2}$ jours; mais, par l'effet du mouvement de la Terre dans l'écliptique, la rotation du Soleil semble être de 27 $\frac{1}{2}$ jours.

L'équateur du Soleil est incliné de 7° 30′ sur l'écliptique, et ses nœuds sont à 80°7′ et 260°7′ de longitude; d'où il résulte que, vers le 11 juin et le 12 décembre, la Terre étant située à ces longitudes, nous voyons l'équateur solaire sous la forme d'une droite.

Les astronomes et les physiciens sont peu d'accord sur la température du Soleil. Le 18 juin 1838, M. Pouillet présenta à l'Académie des Sciences le résultat de ses observations sur la température du Soleil; il assure que la chaleur de cet astre est de 14 ou 1500 degrés, et que la loi de son refroidissement est d'un centième de degré par an.

MERCURE.

Mercure, plongé dans les rayons du Soleil, dont il ne s'écarte point au delà de 16°12′ à 28°48′, est rarement visible : son diamètre est d'environ 1200 lieues (1) ; son diamètre apparent varie de 5″ à 12″ ; la durée de sa révolution autour du Soleil est de 87^j 23^h 15^m 44^s. Observé de la Terre, Mercure emploie depuis 106 jusqu'à 130 jours pour revenir au même point à l'égard du Soleil. Cette planète tourne autour de son axe en 24^h 5^m 23^s; l'inclinaison de son orbite sur l'écliptique est de 7°.

VÉNUS.

Vénus, relativement à la distance du Soleil, est la deuxième planète ; comme Mercure, elle a des phases, mais plus faciles à observer. Vénus est la plus belle de toutes les planètes : l'intensité de son éclat est égale à la lumière de vingt étoiles de première grandeur ; elle est souvent plus brillante que Jupiter, et on la distingue même en plein jour : le soir, cette planète est nommée *étoile du berger* ; le matin, *Lucifer* ou *étoile du jour*. Vénus s'éloigne de 45 à 47° du Soleil : sa distance moyenne est es-

---

(1) De 25 au degré.

timée 2486oooo lieues; son diamètre est de 2800 lieues, et son diamètre apparent varie de 9″, 6 à 61″,2 ; sa révolution autour du Soleil est de 224ᶦ 16ʰ 49ᵐ 8ˢ, ce qui donne pour sa marche une vitesse de 1°36′ par jour. Vénus, comme Mercure, passe quelquefois sur le disque du Soleil, y apparaît comme un point noir, et y décrit une corde; c'est l'observation de ce rare phénomène, faite à la fois sur plusieurs points du globe (en 1761 et 1769), qui a permis de déterminer les parallaxes du Soleil et de Vénus et leurs distances de la Terre(1). Cette planète tourne sur son axe en 23ʰ 24ᵐ; l'inclinaison de son orbite sur l'écliptique est de 3° 24′ ; la chaleur et la lumière y sont deux fois plus fortes que sur notre terre.

Lorsque ces deux planètes apparaissent le soir, elles sont dans leur déclin; lorsqu'elles sont vues le matin, elles sont dans leur croissant : leurs phases sont ainsi contraires à celles de la Lune.

(*) Voyez *Astronomie* de Delambre, t. II, page 468.

LA TERRE.

La Terre tourne autour du Soleil d'occident en orient ; cette révolution, appelée annuelle, s'opère en 365^j 6^h $\frac{}{7}^m$. Ce mouvement de translation de notre planète nous offre l'illusion d'un mouvement général des corps célestes marchant en sens inverse, et s'avançant d'une quantité égale à près d'un degré en 24 heures : ainsi, une étoile vue à minuit au méridien, par exemple, paraîtra le lendemain à la même heure située plus à droite, et avancera chaque jour d'une quantité à peu près égale, pour revenir ensuite dans le même plan un an après, à la même heure.

La Terre, en tournant autour du Soleil, décrit une ellipse dont cet astre n'occupe pas le centre, mais l'un des foyers ; elle se trouve donc successivement à différentes distances du Soleil, et les équinoxes et les solstices ne partagent pas l'année en quatre parties égales. Nous donnons ci-après les différentes distances de la Terre au Soleil

Lieues de 25 au degré

Distance périhélie. . . . . . . 33921700.
       aphélie. . . . . 35080400.
       moyenne. . . . . 34501050.
Grand axe de l'orbite terrestre . 69002100.

On conçoit que les derniers chiffres de ces valeurs sont encore fort incertains.

La Terre, ainsi que les autres planètes, a un mouvement de rotation autour d'un axe incliné de 23°28′ sur l'écliptique; ce mouvement, nommé *diurne*, s'accomplit en 24 heures, ou d'un midi à un autre; cet intervalle compose le jour solaire, et forme l'unité du temps vrai, unité dont la valeur change avec la situation de la Terre dans son orbite. Le jour moyen indiqué par nos pendules n'est d'accord avec le jour solaire que quatre fois par an, c'est-à-dire que le Soleil ne se trouve passer au méridien, à l'instant où les pendules marquent midi, que quatre fois dans le cours de l'année.

Nous avons dit que l'axe de la Terre est incliné de 23°28′ sur l'écliptique. Ce degré d'obliquité n'est pas constant, il change graduellement par un effet analogue à la nutation, et diminue par siècle de 47″,55 environ. « Le calcul

» démontre que la diminution d'obliquité ne
» continuera pas éternellement (1), et qu'elle
» cessera en s'affaiblissant de plus en plus, à
» mesure qu'on approchera de ce terme éloi-
» gné de station, après quoi l'inclinaison com-
» mencera à croître. Ce balancement très-lent
» de l'axe de la Terre est renfermé dans des
» limites fort petites, et qu'on suppose être de
» 1° à 3°; on croit que la diminution ne peut
» aller au delà de 2°42′. Ainsi il ne se peut pas
» que cet angle devienne jamais nul, terme où
» l'équateur coïnciderait avec l'écliptique,
» et où l'on verrait s'établir sur la Terre un
» printemps perpétuel.

» La ville de Syène, en Égypte, était autre-
» fois sous le tropique. Les travaux d'Eratos-
» thène, de Strabon et de Ptolémée, qui ont
» déterminé l'obliquité de l'écliptique d'après
» la position de cette ville, ont rendu célèbre
» un puits au fond duquel l'image du Soleil
» venait se peindre à midi, le jour du solstice
» d'été; mais ce fait est devenu une cause d'er-

(1) Francœur, *Uranographie*, pag. 168 et 169.

» reur, parce qu'on ignorait le changement
» d'obliquité, et qu'on a continué de supposer
» Syène sous le tropique. Maintenant cette ville
» en est assez éloignée, et le bord même du
» Soleil n'éclaire plus le fond du puits; ce qui
» est loin de démentir l'assertion historique
» relative à l'existence de ce puits et à son
» usage, ainsi que l'a prouvé M. Jomard dans
» son mémoire sur Syène et les cataractes.
» L'ombre du gnomon n'y est aujourd'hui que
» le 400me de sa hauteur, au midi solsticial, et
» par conséquent peu sensible; mais le fond
» du puits est entièrement dans l'ombre. De-
» puis 3000 ans, l'obliquité a diminué de 23'57";
» Syène est maintenant éloignée du tropique
» de 37'23", et ne l'était alors que de 13'26",
» quantité moindre que le demi-diamètre du
» Soleil. Ainsi le bord de cet astre se réfléchis-
» sait au fond du puits le jour du solstice d'été;
» les corps cessaient de porter ombre, et, les
» jours voisins, l'ombre était encore nulle ou
» peu sensible (1). »

---

(1) On doit juger avec réserve les travaux des anciens :
Bailly, en calculant la mesure de la Terre donnée par

Les dimensions de la Terre obtenues en 1841 par Bessel, d'après les mesures de degrés reconnues les plus exactes, sont les suivantes .

Longueur d'un méridien terr.   40003423 mètr.
Rayon de l'équateur.   6377398
Rayon du pôle ou demi-axe
  de rotation.   6356080

Aplatissement au pôle $\frac{1}{299}$ du rayon de l'équateur.

LA LUNE.

La Lune décrit une ellipse autour de la Terre, et reçoit son éclat du Soleil qui éclaire constamment la moitié de sa surface ; sa situa-

---

Eratosthène, trouvait une erreur de 1° 21′ (plus de 33 lieues) : de nos jours Gossellin, en retrouvant par une suite de savantes observations le stade de 700 au degré usité par l'école d'Alexandrie, a réhabilité Eratosthène dans toute sa gloire ; la longueur d'un degré du méridien déterminée par ce célèbre astronome est d'une rigoureuse exactitude, fait que nous sommes forcés de reconnaître en renonçant à l'expliquer.

tion, relativement à nous, présente le phénomène des phases que nous allons expliquer.

Lorsque la Lune se trouve entre la Terre et
le Soleil, elle a la même longitude, et passe à
peu près en même temps au méridien ; la surface qu'elle nous présente étant privée des
rayons de cet astre, est invisible : on dit alors
qu'elle est *nouvelle*, c'est le temps de la *néoménie*. Quelques jours après, elle commence à
s'éloigner du Soleil, et le soir elle nous apparaît vers l'ouest sous la forme d'un croissant,
d'abord très-délié, dont les pointes sont dirigées vers l'est ; ce croissant s'agrandit ensuite
de manière à ce que, après 7 jours, la moitié
du disque est éclairée ; la Lune est alors en
quadrature ou au *premier quartier*, à 90° du
Soleil ; elle passe au méridien à 6 heures du
soir. En continuant à s'éloigner du Soleil, sa
partie lumineuse s'agrandit graduellement, et,
après 7 autres jours, elle nous paraît ronde et
pleine ; elle passe au méridien à minuit, étant
à 180°, en opposition avec le Soleil. Peu à peu
le disque de la Lune se rétrécit et prend la
forme ovale jusqu'à ce que, étant parvenue de
nouveau en quadrature, elle n'offre plus qu'un

demi-cercle éclairé, visible le matin à l'orient : c'est le *dernier quartier*; elle continue ensuite à se rapprocher du Soleil, et reprend la forme d'un croissant, dont les pointes sont dirigées vers l'ouest, et qui diminue de plus en plus jusqu'à ce que la Lune devienne invisible et se trouve de nouveau dans sa néoménie, c'est-à-dire privée de lumière sur l'hémisphère tourné vers la Terre. La pleine Lune et la nouvelle Lune se nomment *syzygies*, époques des grandes marées. Trois jours après la nouvelle Lune, le croissant reparaît au moment du coucher du Soleil, et les mêmes apparences se reproduisent.

Il est d'autres phénomènes causés par les diverses positions de la Lune relativement à nous, ce sont les éclipses : il y en a de deux sortes, les éclipses de Soleil et celles de Lune. La Terre et la Lune étant des corps opaques, la lumière du Soleil projette derrière chacun d'eux un cône d'ombre qui varie de grandeur, proportionnellement à leur grandeur et à leur distance. Il est évident que si l'un de ces corps traverse l'ombre de l'autre, la lumière solaire étant interceptée, il sera éclipsé : telle est, en effet, la cause des éclipses.

Ainsi, dans la conjonction, la Lune se trouvant aux mêmes latitude et longitude que le Soleil, l'ombre de la Lune se portera sur la Terre, et y causera une éclipse de Soleil : dans l'opposition, au contraire, la Lune se trouve privée de lumière par le cône d'ombre terrestre. Il y aurait éclipse à toutes les conjonctions et oppositions si l'orbite de la Lune était dans le plan de l'écliptique; mais étant inclinée sur lui, de 5°9′, ce phénomène se renouvelle rarement.

La Lune exécute sa révolution autour de la Terre en $27^j\,8^h$, et pendant ce temps elle opère un mouvement complet de rotation sur son axe : par l'effet et la coïncidence de ces deux mouvements, elle présente toujours à très peu près la même face à la Terre. Son diamètre apparent varie de 29′ à 33′ $\frac{1}{2}$; sa distance moyenne de la Terre est de 86000 lieues environ. Son diamètre réel est de 780 lieues, et sa circonférence de 2500; le volume de la Lune est le 13me de celui de la Terre.

MARS.

Cette planète est celle qui suit la Terre dans l'ordre de distance relative au Soleil. Elle a des phases qui la font paraître tantôt ronde, tantôt ovale, mais jamais en croissant comme Mercure et Vénus. Sa distance de la Terre varie beaucoup; dans la conjonction elle est de 86000000 de lieues, et dans l'opposition de 18000000 seulement; d'où il résulte une grande différence d'éclat dans ses diverses positions; par la même raison son diamètre apparent varie de $4'$ à $18''$; son diamètre réel est de 1600 lieues. Cette planète tourne en $24^h 37^m$ sur un axe incliné à l'écliptique de $61° 18'$ (1), et autour du Soleil en $686^j 23^h 30^m 44^s$; sa distance moyenne de cet astre est 52400000 lieues; l'inclinaison de son orbite sur l'écliptique est de $1° 85'$.

---

(1) Observations de Beer et Mædler à Berlin.

PETITES PLANÈTES.

VESTA, JUNON, CÉRÈS, PALLAS.

Vesta paraît être le plus petit corps de notre système. D'après les observations de Schroëter, elle n'aurait qu'environ 60 lieues de rayon, et sa superficie égalerait à peine la France en étendue. C'est cependant celle des quatre qui se distingue le plus facilement; elle paraît, vers ses oppositions, comme une étoile de 5ᵉ à 6ᵉ grandeur, tandis que les autres paraissent comme des étoiles de 7ᵉ à 8ᵉ grandeur. Les orbites de Junon et de Pallas sont les plus allongées de toutes celles des planètes, leur excentricité étant d'environ $\frac{1}{4}$ du demi grand axe. La distance moyenne de Pallas au Soleil est d'environ 95 $\frac{1}{2}$ millions de lieues; et son diamètre apparent n'ayant été trouvé, en 1836, avec une très-grande lunette, par M. Lamont, astronome à Munich, que d'environ $\frac{1}{2}$ seconde, il en résulte que le diamètre réel n'est que d'environ 240 lieues, et n'est par conséquent pas le tiers de celui de la Lune. Olbers découvrit Pallas en 1802, son orbite tracée sur la sphère planétaire est inclinée sur l'écliptique de 34° 34′ 55″.

JUPITER.

Jupiter, dont la lumière surpasse quelquefois l'éclat de Vénus (1), est la plus grosse des planètes ; son diamètre réel est 11 fois $\frac{1}{4}$ celui de la Terre, et son diamètre apparent varie de 30″ à 46″ ; cet astre est 1419 fois plus gros que la Terre ; sa distance moyenne du Soleil est d'environ 180000000 de lieues. Cette planète parcourt son orbite en 11 ans $317^j\,24^h 2^m$; son mouvement de rotation a lieu en $9^h\,55^m\,\frac{1}{2}$, sur un axe incliné à l'écliptique de 86° $\frac{3}{4}$. L'espace parcouru par un point de son équateur est de 9750 lieues par heure, et 355 par minute ; l'inclinaison de son orbite sur l'écliptique est de 1° 18′ 51″. L'aplatissement de Jupiter est de $\frac{1}{14}$.

(1) Lorsque Vénus est près de sa conjonction supérieure.

Jupiter a quatre satellites qui peuvent être observés avec une lunette de faible grossissement; ces astres furent découverts en même temps par Simon Marius et Galilée; Dominique Cassini donna leurs éphémérides, et fit une heureuse application à la détermination des longitudes de leurs fréquentes éclipses, qui arrivent, comme celles de la Lune, au même instant pour toute la Terre. Nous donnons ci-après le temps des révolutions des satellites de Jupiter :

1er Satellite. . . . . 1^j 18^h 28^m.
2me Satellite. . . . . 3 13 14 .
3me Satellite. 7   3 43 .
4me Satellite. . . . . 16 16 32 .

SATURNE.

Situé à environ 328000000 de lieues du Soleil, Saturne nous apparaît sous l'aspect d'une belle étoile rougeâtre de 2e grandeur; son diamètre apparent varie de 15 à 20″, son diamètre réel est près de dix fois celui de la Terre, et par conséquent son volume près de 1000 fois

plus grand ; sa révolution autour du Soleil est de
29 ans 174. La rotation de Saturne s'exécute
en 10^h 29^m sur un axe incliné à l'écliptique d'environ 62° ; son orbite est inclinée de 2° 30' sur
l'écliptique. L'aplatissement de Saturne est
d'un sixième d'après Bessel.

Cette planète est la plus remarquable de
notre système ; un vaste et double anneau l'en-
toure dans le plan de son équateur ; sept satellites l'accompagnent dans sa révolution autour
du Soleil.

URANUS.

Uranus, découvert en 1781 par le célèbre
Herschel, est la planète la plus éloignée du
Soleil ; cette distance est environ de 660 000 000
de lieues. Sa révolution s'accomplit en 84^a 17^j à
peu près ; son volume est environ 80 fois celui
de la Terre ; son diamètre apparent est de 4".
L'inclinaison de son orbite sur l'écliptique est
de 46' 28". Herschel, par la découverte de
cette planète, qui porta d'abord son nom, a
doublé l'étendue de notre système planétaire

Herschel avait reconnu six satellites à Uranus, mais avec les plus puissants télescopes les astronomes ne peuvent actuellement observer que le 2me et le 4me.

DISTANCES MOYENNES DES PLANÈTES AU SOLEIL, CELLE DE LA TERRE ÉTANT 1.		TEMPS COMPARATIFS DES RÉVOLUTIONS SIDÉRALES.	
Mercure	0,3870938	Mercure	87^j,96928
Vénus	0,7233317	Vénus	224 ,70078
La Terre	1,0000000	La Terre	365 ,25637
Mars	1,523691	Mars	686 ,97964
Vesta	2,36148	Vesta	1325 ,485
Junon	2,66946	Junon	1593 ,067
Cérès	2,77091	Cérès	1684 ,735
Pallas	2,77263	Pallas	1686 ,305
Jupiter	5,202767	Jupiter	4332 ,58480
Saturne	9,538850	Saturne	10759 ,21981
Uranus	19,18239	Uranus	30686 ,82055

Les éléments de ces tableaux sont donnés d'après M. Hansen, directeur de l'observatoire de Gotha (*voyez* l'Annuaire de M. Schumacher pour 1837). Les éléments pour les anciennes planètes sont donnés au 1er janvier 1800, temps moyen de Paris; pour les planètes nouvellement découvertes, au 23 juillet 1831, temps moyen de Berlin.

DÉFINITIONS.

ABERRATION. Ce phénomène consiste à nous montrer les astres dans un lieu un peu différent de celui qu'ils occupent. La lumière partie d'un astre vient frapper nos yeux dans une direction composée de sa vitesse et de la nôtre. Roëmer reconnut la vitesse de la lumière, et Bradley, après avoir observé l'aberration, en détermina la cause.

ACCÉLÉRATION DIURNE DES ÉTOILES. Temps que les étoiles anticipent sur la révolution diurne moyenne apparente du Soleil; elle est de $3'55'',9$, c'est-à-dire qu'elles avancent chaque jour de cette quantité, relativement à leur passage au méridien.

ACHRONIQUE. Se dit du lever et du coucher d'une étoile qui apparaît ou disparaît au moment du coucher du Soleil.

AIRE. Espace parcouru par le rayon vecteur en un temps donné.

Amplitude. Arc de l'horizon compris entre les vrais points orient ou occident, et le lieu du Soleil ou d'une étoile, à son lever ou à son coucher.

Angle. Ouverture de deux lignes droites prolongées indéfiniment, qui se rencontrent en un point nommé *sommet*.

Année sidérale. Temps que le Soleil emploie à faire sa révolution apparente et à revenir à la même étoile : elle est de 365 jours 6 heures et 9 minutes.

Année synodique. La révolution synodique d'une planète est l'intervalle de temps compris entre deux de ses retours consécutifs à la même position, par rapport au Soleil, vu de la Terre; par exemple, à une même conjonction.

Année anomalistique. Temps qui s'écoule depuis le départ du Soleil à son apogée, jusqu'à son retour apparent au même lieu.

Anomalie. Distance d'une planète au lieu de son aphélie, exprimée en degrés, minutes et secondes.

Antarctique (*Cercle polaire*). Petit cercle

parallèle à l'équateur, et distant du pôle sud de 23° 28′ environ.

Antarctique (*Pôle*). Extrémité méridionale du globe : on le nomme aussi *pôle sud* ou *austral*.

Aphélie. Point de l'orbite de la Terre, ou d'une autre planète, le plus éloigné du Soleil.

Aplatissement. On nomme aplatissement d'une planète l'excès du rayon de son équateur sur celui de ses pôles, exprimé en parties du rayon de l'équateur.

Apogée. Point de l'orbite d'une planète le plus distant de la Terre.

Apparent (*Diamètre*). Diamètre angulaire des corps célestes, vu de la Terre, et mesuré au moyen d'un micromètre.

Apparent (*Horizon*). Cercle qui borne notre vue quand nous sommes sur un lieu élevé ou sur mer : son plan est parallèle à l'horizon vrai.

Apparente (*Distance*). Distance angulaire de deux astres, vus de la Terre.

Apsides. On appelle ainsi les points du périhélie et de l'aphélie des planètes, et on nomme *ligne des apsides* la direction du grand axe de l'orbite.

ARC. Portion du cercle.

ARC (*de rétrogradation*). Celui qu'une planète décrit dans son mouvement apparent, contraire à l'ordre des signes.

ARCTIQUE (*Cercle polaire*). Petit cercle parallèle à l'équateur, éloigné du pôle arctique de $23^{\circ} 28'$.

ARCTIQUE (*Pôle*). Extrémité septentrionale du globe; on le nomme aussi *pôle nord* ou *boréal*.

ASCENSION DROITE *d'un astre*. Nombre de degrés comptés de l'ouest à l'est, et compris entre le point équinoxial du printemps et le point de l'équateur qui passe au méridien en même temps que l'astre.

ATMOSPHÈRE. Fluide élastique et invisible qui environne notre globe, et qui produit les réfractions de la lumière. On le nomme ordinairement *air*.

AUTOMNE (*Équinoxe d'*). Point d'intersection de l'écliptique avec l'équateur, ou nœud descendant par rapport à l'hémisphère boréal.

AXE. Ligne droite qui passe par le centre d'un corps, et autour de laquelle il se meut.

AXE (*Grand*). Le grand et le petit axe sont le plus grand et le plus petit diamètre de l'ellipse.

AZIMUT *d'un astre*. Angle que forme avec le méridien le vertical où il se trouve. Cet angle a pour mesure un arc de l'horizon.

CERCLE. Portion de plan terminée par une circonférence, dont tous les points sont à égale distance d'un point intérieur nommé *centre*.

CERCLES DE LA SPHÈRE. On les divise en grands et en petits. Les grands coupent la sphère en deux parties égales, passant par le centre, et les petits sont les parallèles de l'équateur, de l'écliptique et de l'horizon.

COLURES. Grands cercles de la sphère se coupant à angles droits, aux pôles de l'équateur, et marquant les équinoxes et les solstices par leurs intersections avec l'écliptique.

Comètes. Corps célestes entourés d'une né-
bulosité, traînant à leur suite une vapeur lumineuse qu'on appelle vulgairement *queue* ou
chevelure.

Conjonction. Rencontre apparente de deux
astres, lorsqu'ils ont la même longitude, ou
bien la même ascension droite.

Cosmique. Lever ou coucher d'un astre
ayant lieu au moment où le Soleil se couche.

Crépuscule. Lumière faible causée par la
réfraction des rayons solaires dans l'atmosphère, immédiatement avant le lever et après
le coucher du soleil.

Culmination. Passage d'un astre au méridien au-dessus de l'horizon.

Déclinaison. Distance d'un astre à l'équateur, mesurée sur un grand cercle perpendiculaire à l'équateur; elle est boréale ou australe.

Degré. La 360me partie de la circonférence.
Dépression. Abaissement d'un astre au-dessous de l'horizon.

Diamètre. Ligne droite qui passe par le

centre d'un cercle ou d'une sphère, et dont les extrémités aboutissent à la circonférence.

DISQUE. Surface apparente d'un corps céleste.

DIURNE. Mouvement (*Rotation*) de la Terre autour de son axe en 24 heures, produisant le mouvement diurne apparent de tous les corps célestes.

DOIGT. 12me partie du diamètre du Soleil ou de la Lune. (Cette expression ne s'emploie guère que pour les éclipses.)

ÉCLIPSE. Obscurcissement ou disparition momentanée d'un corps par l'interposition d'un autre.

ÉCLIPTIQUE. Grand cercle de la sphère céleste situé dans le plan de l'orbite de la Terre, et dans le plan duquel ont lieu les éclipses.

ELLIPSE. Ligne circulaire plus ou moins allongée, que décrivent les comètes et les planètes dans leurs mouvements de révolution autour du Soleil.

ÉMERSION. Réapparition d'un astre qui était éclipsé ou caché.

ÉPHÉMÉRIDES. Tables astronomiques contenant les divers éléments des corps célestes calculés jour par jour, telles que la *Connaissance des temps*, etc.

ÉQUATEUR. Grand cercle de la sphère également distant des pôles, sur lequel on compte les ascensions droites; on le nomme aussi *cercle équinoxial*.

ÉQUATION DU TEMPS. Différence du temps vrai au temps moyen.

ÉQUINOXES. Points d'intersection de l'écliptique et de l'équateur. Ce sont ceux où se trouve le centre du Soleil lorsqu'il semble entrer dans les signes du Bélier et de la Balance, c'est-à-dire quand la Terre est effectivement dans les points opposés.

ÉTOILES. Astres lumineux par eux-mêmes, et considérés comme fixes. Les aspects qu'elles offrent sous le rapport de l'éclat apparent les ont fait diviser en plusieurs classes ou grandeurs.

EXCENTRICITÉ. Distance du centre à l'un des foyers de l'orbite elliptique d'une planète ou d'une comète.

GÉOCENTRIQUE. Lieu apparent d'un astre, tel qu'il paraît vu de la Terre.

HAUTEUR. Élévation d'un astre au-dessus de l'horizon d'un lieu, comptée sur un cercle vertical ; on la nomme aussi *altitude*.

HÉLIAQUE (*Coucher*). Se dit d'une étoile lorsque, par l'effet du mouvement de la Terre autour du Soleil, cet astre semble s'avancer vers cette étoile, et en efface peu à peu l'éclat ; le dernier jour où elle est visible est celui de son coucher héliaque.

HÉLIAQUE (*Lever*). Se dit d'une étoile qui, étant restée quelque temps effacée par l'éclat des rayons solaires, commence à s'en dégager en précédant le matin : le premier jour de son apparition est celui de son lever héliaque.

HÉLIOCENTRIQUE. Lieu d'une planète qui serait vue du Soleil.

HEMISPHÈRE. Moitié d'une sphère ou d'un globe divisé par un plan passant par leur centre.

HEURE. Considérée relativement au mouvement diurne de la Terre, l'heure est la 24me partie du jour.

On nomme aussi heure, la 24me partie de l'écliptique. Ainsi la Terre parcourt en un mois un signe ou 2 heures; les 24 heures composent sa révolution annuelle autour du Soleil, qui semble s'avancer de cette quantité dans les signes diamétralement opposés.

Horizon. Grand cercle de la sphère qui termine la partie visible des cieux, et dont le zénith et le nadir sont les pôles.

Immersion. Disparition d'un astre qui est éclipsé ou caché. Commencement d'une éclipse.

Inclinaison. On nomme en général inclinaison de deux plans, l'angle compris entre eux.

Latitude. La *latitude terrestre* ou *géographique* est la distance à l'équateur, comptée sur un méridien terrestre; la *latitude céleste* est la distance à l'écliptique, comptée sur un grand cercle de la sphère céleste perpendiculaire à l'écliptique ou cercle de latitude : la latitude est boréale ou australe.

LIBRATION. Mouvement par lequel la Lune cache et découvre alternativement, par l'effet d'une sorte de balancement autour de son axe, une partie de sa surface vers les bords de son disque.

LONGITUDE. La *longitude terrestre* ou *géographique* est l'arc de l'équateur ou du parallèle terrestre compris entre le premier méridien et le méridien du lieu; la *longitude céleste* est, pour un astre, l'arc de l'écliptique ou de son parallèle compris entre le point équinoxial du printemps et le cercle de latitude de l'astre.

MÉRIDIEN. Grand cercle de la sphère qui passe par le zénith et le nadir et par les pôles du monde; il marque, pour le lieu au zénith duquel il passe, la place du Soleil à midi. C'est par ce cercle que passent tous les astres, aux points le plus élevé et le plus bas de leur parallèle diurne. Les méridiens terrestres sont les grands cercles du globe terrestre passant par les pôles de la Terre, et perpendiculaires à l'équateur.

MÉRIDIENNE. La ligne méridienne d'un lieu

est l'intersection du méridien céleste et de l'horizon en ce lieu, ou la trace du méridien terrestre de ce lieu.

MINUTE. 60me partie d'un degré, ou d'une heure.

NADIR. Point du ciel directement au-dessous de nos pieds; il est opposé au zénith.

NÉBULEUSES. Petites taches blanchâtres qu'on aperçoit dans le ciel, et qui, vues au télescope, présentent une réunion d'étoiles très-rapprochées, ou une faible lueur plus ou moins étendue et irrégulière.

NÉOMÉNIE. Temps où la Lune cesse d'être visible, lorsqu'elle est nouvelle.

NOEUDS. Les deux points où l'orbite d'une planète coupe l'écliptique; on les distingue en nœud ascendant et en nœud descendant.

NUTATION. Oscillation légère de l'axe de la Terre, ou très-petit balancement périodique, causé par le défaut de sphéricité du globe et par l'action de la Lune.

OCCULTATION. Éclipse momentanée d'une

étoile ou d'une planète, par l'interposition du corps de la Lune ou d'un autre astre.

Opposition. Situation de deux astres diamétralement opposés, par rapport à l'observateur.

Orbite. Ligne courbe, suivant laquelle chaque planète ou comète fait sa révolution autour du Soleil.

Parallaxe. Différence du lieu où un astre nous apparaît, vu de la surface de la Terre, avec celui où il paraîtrait observé du centre de la Terre.

Parallèles. Petits cercles de la sphère céleste ou du globe terrestre, parallèles à l'équateur céleste ou terrestre.

Parallélisme de l'axe de la Terre. Il consiste en ce que ce globe, dans le cours entier de sa révolution autour du Soleil, maintient son axe dans une situation constamment parallèle à lui-même, et dirigé en ce moment vers l'étoile de la petite Ourse, dite *polaire*.

Périgée. Point de l'orbite d'une planète le plus rapproché de la Terre.

PÉRIHÉLIE. Point de l'orbite d'une planète, ou d'une comète, le plus rapproché du Soleil.

PHASES. Apparences diverses de disque arrondi ou plus ou moins échancré que nous présentent Mercure, Vénus, et surtout la Lune.

PLANÈTE. Corps céleste qui réfléchit la lumière du Soleil, et gravite autour de lui.

POLES. Extrémités de l'axe sur lequel la Terre exécute sa rotation; on les nomme *pôle boréal* ou *arctique*, et *pôle austral* ou *antarctique*. L'axe terrestre prolongé marque dans le ciel les pôles célestes.

PRÉCESSION. Mouvement peu sensible par lequel les équinoxes changent de place en avançant dans l'ordre inverse des signes, d'une quantité égale à 50 secondes de degrés par année. Cet effet est produit par le changement de direction de l'axe de la Terre, dont l'extrémité décrit un petit cercle de la sphère céleste parallèle au plan de l'écliptique, que l'on voit tracé sur la sphère planétaire. Cette révolution de l'axe de la Terre autour des pôles de l'écliptique s'opère en 25868 ans; elle est causée par un effet d'attraction de la Lune et des planètes sur le renflement du sphéroïde terrestre.

QUADRATURE. Position de la Lune lorsqu'elle est à 90" du Soleil, par rapport à la Terre.

SIGNE. 12me partie du zodiaque ou de l'écliptique. Chaque signe contient 30°.

SOLSTICES. Points de l'écliptique à la plus grande distance de l'équateur, et touchant les tropiques au commencement des signes du Cancer et du Capricorne.

SYSTÈMES. Manières diverses d'expliquer la position et les mouvements des astres; réunion de corps célestes obéissant aux mêmes lois, et formant un ensemble parfait.

TEMPS MOYEN. Temps solaire égal et uniforme, dont le jour de 24 heures correspond à la durée *moyenne* de l'intervalle qui s'écoule entre deux passages consécutifs du Soleil au méridien.

TEMPS VRAI. Temps mesuré par le mouvement apparent du soleil. Le jour vrai correspond à l'intervalle compris entre deux retours consécutifs du Soleil au méridien, intervalle un peu variable en durée dans le cours de l'année.

Tropiques. Deux petits cercles de la sphère parallèles à l'équateur, dont ils sont éloignés de 23° 28′, et qui passent par les points des solstices.

Uranographie. Description du ciel et des astres.

Vertical (*cercle*). Grand cercle, perpendiculaire à l'horizon, passant par le zénith et le nadir d'un lieu quelconque; on peut mener des cercles de ce genre dans toutes les directions. On appelle *premier vertical* celui qui passe par les points est et ouest de l'horizon.

Zénith. Point du ciel directement au-dessus de notre tête.

Zodiaque. Bande circulaire de 18° de largeur, partagée en deux parties égales par l'écliptique.

Zones. Parties de la sphère terrestre ou céleste placées entre les deux pôles, et parallèles soit à l'équateur, soit à l'écliptique.

DESCRIPTION

DE

LA SPHÈRE PLANÉTAIRE.

La monture de cette sphère se compose d'un grand cercle fixe qui maintient invariablement l'inclinaison de l'axe du monde, et présente l'axe de l'écliptique dans la direction perpendiculaire.

Un méridien en cuivre indique, par sa révolution autour de la sphère, les positions successives de la Terre dans son mouvement annuel, et celles du Soleil aux points diamétralement opposés du ciel étoilé.

Cette sphère, de 50 centimètres (18 pouces) de diamètre, présente les étoiles jusqu'à la sixième grandeur. Nous y avons tracé les orbites vraies des planètes Mercure, Vénus, Mars, Jupiter, Saturne, et Pallas à cause de sa grande déclinaison : pour éviter la confusion, nous nous sommes abstenu de figurer les orbites des autres planètes. La position des étoiles est réduite au 1ᵉʳ janvier 1860.

Un arc de cercle additionnel, percé à son extrémité supérieure de manière à recevoir une pointe destinée à le fixer au cercle polaire de l'écliptique, montre, par la direction qu'on lui donne, de l'écliptique à son cercle polaire (le zéro de cet arc étant placé à l'écliptique), les étoiles qui se trouvent pour un temps donné, soit dans le cercle des équinoxes, soit dans celui des solstices, ce qui fait connaître la précession des équinoxes.

Cet arc de cercle ainsi fixé, le zéro indique, par sa révolution autour de la sphère, les étoiles situées à l'équateur, et sa graduation, leur déclinaison. Il contient également une division indiquant par siècles la valeur du déplacement des points équinoxiaux.

Au pôle boréal est tracé le cercle polaire de l'écliptique ; les dates des principaux événements historiques y sont inscrites : le déluge, Hipparque, l'ère chrétienne, Ptolémée et Copernic. C'est ainsi que l'étoile d'Eudoxe répond au temps de Cadmus et à la fondation de Thèbes ; la belle étoile de Vega sera très-près du pôle dans 12,000 ans, et remplacera alors, pour les habitants de la Terre, α de la petite

Ourse. Ces dates correspondent à celles marquées à l'écliptique, et servent, à l'aide de l'arc de cercle, à trouver la position de l'équinoxe, celle de l'équateur, et la déclinaison des principales étoiles pour ces différents temps.

USAGES.

1°. *Trouver la position du point équinoxial pour une époque donnée, par exemple au temps d'*Hipparque.

Fixez l'extrémité de l'arc de cercle au point marqué Hipparque sur le cercle polaire de l'écliptique, et dirigez-le vers le point de l'écliptique où se trouve la même désignation : dans cette position il indique l'équinoxe, et l'on voit que ce cercle passait alors près de γ du Bélier, α du Triangle, et γ d'Andromède; ceci indique l'équinoxe du printemps. Pour avoir celui d'automne, prenez avec un compas, sur l'écliptique, la distance entre l'équinoxe actuel et le point d'Hipparque: portez cette ouverture dans le même sens à partir de 180°

amenez l'arc de cercle dans cette direction : il montre qu'alors l'équinoxe d'automne passait entre les étoiles ζ et η de la grande Ourse, et près de η du Bouvier.

Pour trouver la position des solstices, portez toujours dans l'ordre des signes la même ouverture de compas, à partir des solstices actuels; on trouve que celui d'été passe par les constellations de la grande Ourse, du Lynx, du Cancer, du petit Chien et de la Licorne; celui d'hiver, dans les constellations du Dragon, de la Lyre et près de α de l'Aigle.

2°. *Indiquer pour la même époque la position de l'équateur et la déclinaison des principales étoiles.*

L'arc de cercle additionnel étant fixé comme pour l'usage précédent, faites-le tourner; le zéro de la division marquera sur la sphère le lieu de l'équateur. Il passait alors près des étoiles ξ et μ du Taureau, γ d'Orion, α de l'Hydre, l'Épi de la Vierge, et β de la Balance.

Si l'on remarque pour chaque étoile le degré correspondant du quart de cercle, on a leur déclinaison.

3°. *Trouver à quelle époque Régulus, par exemple, est à l'équateur.*

Placez le zéro de l'arc de cercle sur l'étoile donnée, dirigez-en l'extrémité vers le cercle polaire de l'écliptique, jusqu'à ce qu'il le rencontre au point où se trouve inscrite la même longitude que l'étoile; fixez à ce point l'extrémité de l'arc de cercle; prenez ensuite sur l'échelle divisée par siècles une valeur quelconque, que vous porterez sur l'écliptique à partir de l'équinoxe actuel jusqu'à la rencontre de l'arc de cercle, ce qui nous donnera l'époque cherchée.

Ou bien comptez le nombre de degrés entre l'équinoxe et le point où l'arc de cercle s'arrête, et multipliez-le par 72, nombre d'années pendant lequel le cercle équinoxial rétrograde d'un degré; le produit sera l'époque cherchée.

En opérant ainsi, on trouve que Régulus était situé à l'équateur il y a environ 1130 ans, époque à laquelle la Chèvre se trouvait à peu près dans le même plan. L'Épi avait alors 16" et Antarès 18" de déclinaison boréale.

4°. Expliquer par l'usage de la sphère le phénomène des saisons.

En soutenant un petit globe terrestre dans le plan de l'écliptique, et en le maintenant dans une direction constamment parallèle à l'axe de la sphère, au point d'intersection de l'équateur (au signe de la Balance), on a l'équinoxe du printemps, ou la position de la Terre le 20 mars; en suivant ainsi l'ordre des chiffres et des signes, toujours dans le plan de l'écliptique, et avançant d'un degré par jour environ, on atteint le chiffre 270, et le grand cercle de cuivre qui maintient la sphère et qui marque le solstice d'été; en continuant cette révolution dans le même sens, on passe successivement à l'équinoxe d'automne et au solstice d'hiver. Pour avoir la position de la Terre pour un jour donné, voyez la table de concordance placée à la fin de cet ouvrage.

Aux deux équinoxes, le Soleil étant à l'équateur, la Terre est éclairée d'un pôle à l'autre, et les jours sont égaux aux nuits; au solstice d'été, le pôle boréal est tourné vers le Soleil, qui n' pond au tropique de Cancer; le contraire arrive au solstice d'hiver.

Mais nous reconnaissons que cette démonstration est infiniment moins claire et moins ingénieuse que celle donnée par l'illustre baron de Cauchy dans une épître fort remarquable dont nous citerons les vers suivants :

Mais cette année, en laissant sous nos yeux
Varier, dans la nuit, le spectacle des cieux,
N'aurait point de saisons ; et son cours monotone
Unirait, sans été, le printemps à l'automne,
Si, dans le même plan toujours emprisonné,
Chaque astre n'y tournait sur un axe incliné.
C'est cet axe, toujours parallèle à lui-même,
Qui seul de nos saisons résout le grand problème.
Ainsi, cédant aux lois d'un double mouvement,
Et dans les cieux changeant de place,
Notre Terre présente alternativement
Les deux pôles de sa surface
A ce Soleil dont les brûlants rayons
Viennent mûrir nos fruits et dorer nos moissons.

Pour les jeunes élèves, il est peut-être convenable d'expliquer comment l'axe de la Terre, conservant son parallélisme dans le cours de la révolution annuelle, paraît toujours dirigé vers le même point du Ciel : cet effet tient à l'immense éloignement des étoiles fixes; il est tel qu'un corps lumineux dont le Soleil serait le centre, et l'orbite de la Terre la surface, ne paraîtrait, observé de l'étoile polaire, que sous la forme d'un point lumineux. D'après ce raisonnement, l'espace compris dans l'orbite terrestre n'étant qu'un point relativement aux étoiles, on ne peut tirer qu'une seule ligne de ce point à l'étoile polaire. La direction du pôle et le parallélisme de l'axe de la Terre ne sont donc que la projection d'une seule et même ligne.

ORBITES DES PLANÈTES.

Par le tracé des orbites vraies ou héliocentriques des planètes que nous avons indiquées sur la sphère, on peut suivre les positions successives de chacun de ces astres; connaître les points d'intersection qu'elles forment avec l'écliptique (points que l'on appelle nœuds); avoir la valeur de l'angle qu'elles forment avec ce grand cercle, ce que l'on nomme leur inclinaison; les points où aboutit le grand axe de leurs orbites, c'est-à-dire le périhélie et l'aphélie.

Nous avons déterminé la position de chacune des planètes pour le 1ᵉʳ janvier 1844. Par cette indication on peut avoir la distance des planètes entre elles relativement aux étoiles et aux principaux cercles de la sphère.

Pour obtenir la position de ces astres pour toute époque, il faut prendre leur longitude dans les éphémérides et la porter sur l'orbite de chaque planète. Ces mêmes ouvrages donnent les éléments nécessaires pour déterminer leurs positions géocentriques.

Pour connaître immédiatement la différence qui existe entre le mouvement vrai d'une planète et son mouvement apparent, on peut consulter l'*Atlas des phénomènes célestes* publié pour chaque année par M. Ch. Dien.

TABLE

Donnant la position de la Terre dans l'écliptique à différentes époques de l'année.

DATES.	LONGITUDES.	DATES.	LONGITUDES.
1 janvier...	100°29′	1 juillet....	278°56′
10.........	109.40	10.........	287.31
20.........	119.50	20.........	297. 3
1 février...	132. 2	1 août....	308.31
10.........	141. 9	10.........	317. 8
20.........	151.15	20.........	326.46
1 mars.....	160.17	1 septembre.	338.21
10.........	169.18	10.........	347. 5
20.........	179.15	20.........	356.51
1 avril.....	191. 7	1 octobre...	7.39
10.........	199.58	10.........	16.31
20.........	209.44	20.........	26.27
1 mai.....	220.26	1 novembre.	38.26
10.........	229. 9	10.........	47.28
20.........	238.46	20.........	57.33
1 juin.....	250.17	1 décembre.	68.41
10.........	258.54	10.........	77.50
20.........	268.27	20.........	88. 0